茶仙子｜喝茶趣

鲍丽丽 著

上海书画出版社

前　言

一个爱茶姑娘的自我介绍

本人白牡丹，

生于黄山毛峰；

求学普洱，师从九华佛茶；

金骏眉、龙井眼，指如白奇兰，口如含苏红；

虽貌若水仙，但个性乌龙，江湖人称铁观音；

会坦洋功夫，喝竹叶青，但并非庐山云雾；

茶艺大赛我曾身披大红袍，折桂太平猴魁！

大家好！

我是茶仙子鲍丽丽，

中国茶文化推广大使。

目　录

CHAPTER I

你会喝茶吗？

吃进肚子里的茶叶

话说，在 2012 年中德建交四十周年文化活动上，
茶仙子的一场绿茶茶道演绎，吸引了在场所有人的目光。
茶仙子用流利的英语告诉德国人：
"小小一片茶叶，却有五千年的文明，她起源于中国，
不仅滋润着中国人，而且还能健康全世界人。
喝茶的时候，要轻轻吹开那层绿色波浪，
这才是最优雅、最绅士的喝茶方法。"
顿时，台下全部在轻轻吹着。
茶仙子接着又解释，茶叶如果吃到嘴里是没有关系的，
绿茶是最细嫩、营养价值最高的茶，
吃下去还有减肥，抗辐射的作用。
结果收杯子的时候，所有茶叶都被老外们吃光了，
杯中空空如也，中方人员全部被德国人的一丝不苟笑倒。

这些茶叶被老外吃进嘴里成为趣谈，
那么在生活中，你会喝茶吗？

你会闻香吗?

● 什么叫香? 香字就是"日烤禾", 植物遇到温度便会
散发出神奇的香气。

● 人的鼻子有 1000-2000 万个嗅觉的感受器, 在喝茶的
时候只要我们用力地吸或者吞茶汤, 就能够闻到茶
的不同香气。

茶叶有多少种香气呢?

- 茶叶香气会影响茶叶的品质，目前鉴定的芳香物质已经达到了700多种，而大部分香气是在茶叶加工过程中转化来的。

- 茶香风情万种，各有特色：绿茶有豆香、板栗香；白茶有毫香、药香；乌龙茶有花果香；红茶有甜花香、蜜香；黑茶有菌花香、甜醇香……

- 茶是能带我们走进香气的世界哦！比如，西湖龙井的兰花豆香，白毫银针的鲜爽毫香，铁观音的清雅兰香，祁门红茶的玫瑰花香，景迈茶的太阳蜜香……

闻香能识茶

- 通过闻香, 我们怎么识别茶叶呢? 闻香气, 主要是闻茶叶的初香、热香、冷香。

- 初香, 是指新的干茶所散发出来的香气。

 热香, 能分辨茶香正常与否及香气类型及高低。

 冷香, 能体现出茶叶香气的持久程度。

- 通常我们会把茶叶放在容器里, 在泡茶前会打开盖子闻香, 这个叫做初香。当我们往茶叶里加入沸水时, 我们闻到的香气叫做热香。当泡完茶之后, 我们闻到的留在杯中的叶底香气叫做冷香。

味觉的记忆

● 神奇的"味"，充满了无限的可能性。舌之所尝、鼻之所闻，我们用舌头和鼻子，能够真真切切地感觉到"味"。

● "苦"是感冒时妈妈熬的药，苦涩的滋味会从舌根涌出，但却带着浓浓的母爱。

"涩"是枝头未成熟的青柿子，咬一口整个舌面都有麻麻的感觉。

"酸"是初夏时节冰镇的杨梅，酸爽从舌头两侧溢出，口水便会流个不停。

"甜"是街头老爷爷卖的棉花糖，用舌尖就能感受到幸福和喜悦。

"鲜"是厨房里外婆炖的鸡汤，咕噜一大口后鲜爽蔓延了整个口腔，美妙极了。

茶叶有多少种滋味呢？

● 茶有苦、涩、酸、甜、鲜五种滋味，人们在喝茶时舌头能够感觉到各种各样不同的滋味，大致分为以下几类：苦味物质、涩味物质、酸味物质、甜味物质、鲜爽味物质。

● 茶叶之苦，主要是因为茶叶中含有大量咖啡碱的原因。

茶叶之涩，主要是因为茶叶中含有大量茶多酚的原因。

茶叶之酸，主要是因为茶叶中含有部分氨基酸、有机酸等原因。

茶叶之甜，主要是因为茶叶中含有大量茶多糖的原因。

茶叶之鲜，主要是因为茶叶中含有大量茶氨酸的原因。

喝茶能知味

● 茶有五种滋味, 我们的嘴巴是如何感知茶的味道呢?

● 舌尖上的味蕾对甜味最为敏感,

　舌根部的味蕾对苦味最敏感,

　舌头两侧的味蕾对酸味最为敏感,

　舌面对涩味感受最敏感,

　鲜味则是需要整个口腔去感受的。

● 味觉与嗅觉还会联动, 产生各种滋味。

CHAPTER II

什么是好茶?

看外包装就
能知道茶的好坏?

我时常收到朋友的留言,或发来一张茶叶的图片给我,请我鉴别茶叶的好坏。记得有一次,我的一位好朋友满心欢喜地拿着各种各样的普洱茶饼来我这里,开口就说,"茶仙子,你帮我看看这些茶叶哪些是好的?"我随口回答道:"茶叶不能只看外表,还得泡开来喝才知道好不好。"

那么,到底什么是好茶呢?地域、品种、工艺三者俱佳的才是好茶。

● 茶树是极善于与环境互动的物种, 土壤、温度、湿度、光照、环境等等因素, 都能让茶这棵植物敏感感知。

● 我们所熟知的很多茶, 往往都冠以地名, 比如西湖龙井、信阳毛尖、六安瓜片、安溪铁观音等等。地域的差异相对来说区分了茶叶的品种, 自然环境的不同, 造就了不同地区的茶, 它们各有风味, 自成一派。

● 目前我国茶区大致分为 4 个: 江北茶区、江南茶区、西南茶区和华南茶区。这些茶区的温度、湿度、光照等非常适合茶树的生长, 所以好茶离不开好的生长环境。

高山云雾出好茶

- 头撑伞, 脚穿鞋, 身披薄雾纱。阿里山茶区的顶石棹, 这里是阿里山乌龙茶核心产区的制高点。

- 海拔 1600 米, 高海拔山上的茶园总是云雾缭绕, 昼夜温差大, 紫外线强, 茶叶生长较慢, 芽叶内含物丰富, 茶芽嫩, 这里茶叶香高、味醇、韵长, 所以好茶多出自高山。

茶叶也会"吃土"？

● 茶圣陆羽说茶："其地，上者生烂石，中者生砾壤，下者生黄土。"茶叶对土壤有着严格的要求，茶树一般生长于酸性土壤的山区，这里多为砂质壤土。土壤就像茶树的母亲，茶树所需要的养分和水分，多从土壤中获得，好的土壤环境赋予茶叶优良的品质。

远亲不如近邻

● 碧螺春茶叶早在隋唐时期就很有名。传说清康熙皇
帝南巡苏州将当地产的一种茶赐名为"碧螺春"。颇
负盛名的她生长在白银盘里一青螺的洞庭山，这里
一排茶树、一排果树混合种植，碧螺春生长过程中吸
附了果树上的花香果香，所以碧螺春茶叶具有特殊
的花果香，可见周围植被对茶树是有影响的。

神奇的北纬 33°

● 北纬33°，最高峰——珠穆朗玛峰的所在地；最深海底——西太平洋的马里亚纳海沟；金字塔、空中花园、狮身人面象；在这条神秘的纬线上，还有一绝——茶。这里昼夜温差大，光照充足，湿度也很强，东经98°以东，北纬33°以南是茶树生长的绝佳环境，怪不得陆羽说："茶者，南方之嘉木也。"

2.2 茶叶的兄弟姐妹
—— 品种

你认识茶的兄弟姐妹吗?

● 茶树有几千种,而常见品类有四五十种。茶树根据叶片的大小来分,分为特大叶种、大叶种、中叶种、中小叶种四类。茶树根据树形来分,分为乔木型、小乔木型、灌木型三类。茶树经过自然与人工培育,形成了十分丰富的品种资源。下面让我们一起来探索一下吧。

怎么分辨武夷岩茶水仙及大红袍品种?

● 两者树种不同,水仙属半乔木,所以叶片会较大而长,
口感平顺甘甜,越好的水仙,枞味越好,甚至会带有
淡淡的糯香和青苔味,而大红袍属灌木,叶片较小,
叶绿齿轮密,而且大红袍有很显著的花香,茶汤更醇
厚浓郁。

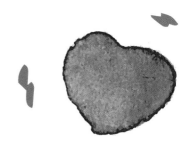

被误会的安吉白茶?

● 安吉白茶并非白茶,而是采集白化的芽叶,以绿茶工
艺制成的绿茶。每年春季,低温让新生的"安吉白茶"
茶树叶片中的叶绿素合成受阻,出现阶段性白化。该
阶段的茶叶氨基酸含量很高,从而保证了安吉白茶
香郁、滋味鲜醇的品质。

同样是龙井，有区别吗？

● 严格来讲，西湖龙井又称为龙井"群体种"或"鸠坑种"，它的种植范围仅限于西湖产区，面积十分有限，茶叶品质优良。龙井43号是中国农科院茶叶研究所做龙井茶研究改良的品种，产量较大，具有发芽早，发芽密度大，育芽能力强等优势。

茶叶的大变身
——工艺

● 一只苹果掉到地上发酵了，从此，有了酒。一片树叶落入了水中，改变了水的味道，从此，有了茶。一片茶叶又因为加工工艺而有了不同的茶类。

● 若要把茶分门别派：

一为"绿党"，历史悠久，人多势众，奉龙井和碧螺春为首。

二为"乌龙派"，一旦加入，忠贞不二，非铁观音皆不入眼。

三为"黑帮"，"倒行逆施"般颠覆了茶是新的好，尤以普洱（熟）出众。

四为"红教"，少年得意，大有祖国山河一片红之势。

你是哪一派？

绿茶

茶叶采摘回来之后，需要用高温将鲜叶中的水分蒸发出来，同时散发叶子里的青臭气，没有经过发酵而形成的茶。

白茶

这是用太阳的能量制成的茶叶，叶子接受太阳的照射，最终自然干燥，不受任何损害，形成如花似针的美貌。

黄茶

都说黄茶是被闷坏了的绿茶，可是这个"小错误"却发展成了一种新的茶品种。不要小看这做坏了的无心之举——闷黄，它是形成黄茶"黄汤黄叶"品质的关键。

乌龙茶

红茶

黑茶

乌龙追兔子的故事，促发了一款茶的诞生。放置了一夜的鲜叶，已镶上了红边，并散发出阵阵清香，经过种种做青工序，终于成就茶里的花仙子——乌龙茶。

六大茶类中，红茶像风姿绰约的贵妇，有着成熟美艳的风韵。红茶在酶的催化下，发酵成红叶红汤的特质。

粗枝大叶的外表，以微生物的活动为中心，加温加湿，渥堆后发酵而成叶色油墨或黑褐的茶叶，在此过程中茶的内含物质发生极为复杂的变化。

普洱茶（生茶）制作工艺

茶仙子 采茶
1

茶仙子 萎凋
2

茶仙子 杀青
3

47

茶仙子 揉捻
4

茶仙子 晒青
5

茶仙子 筛重
6

茶仙子 晾干

8

茶仙子 包装

9

茶仙子 壓製

7

绿 茶

是一缕清风拂却我眼角的风尘

我抽出娇嫩的小手试着春天的体温

冰雪早已昨夜里融化

竟不知今日已是清明

呵, 谁让我归隐在无人问津的山上呢

从此没了篝火与炊烟

只有那云在青山月儿明

我在清晨的薄雾里捉迷藏

我搜集最温柔的雨滴

我在乱石丛生中的土壤里唱歌

唱给没有名字的你听

小心, 小心

可别烫坏了我柔弱的心

用你如水的眼眸看着我

黄 茶

在那个诞生的春天

只是远远的望了你一眼

一刹那的悸动将我的心填满思和恋

在炎炎烈火中考验爱和念

在层层包裹中升华

倒影在水中

仿若失去了绿色的生机

漫游在水中的金黄身影

也不再是当初的自己

风，停了

漫天的秋叶不再舞动

心，定了

细嫩的芽叶不再生长

我的心，不再沉寂

我的情，在沉稳中升华

此后，花香常伴，甘润百年

白茶

那是一个关于飘零的梦
水是梦里的天空
你吹走了人间的烟火
带我轻轻走入这梦中

谁说柔弱的就会浅薄
谁又说轻盈的就不厚重
闭上眼静等几个四季
岁月会许你一个因果

你在水里轻舞飞扬
我在梦里浅吟浅啜
不知过了几度春秋
我却看过花开花落

乌 龙 茶

初见你时以为是冬天
像一段已经腐朽的记忆
被人遗忘在了某个角落

再见你时发现你也有春天的一面
只要一点甘露
碧绿的身躯就能舒展

待到相识已是夏天
就算是夜晚，就算是梦里
我也能闻到那幸福的香气

不用告诉我秋天来了
那风中弥漫的成熟气息
和你阳光下金色的皮肤
已暴露了全部的秘密

红 茶

不再是那在田野间放着风筝的孩子

我已在这花花世界走了许久

你不要试图在我身上寻找青春的痕迹

觥筹交错间

你难道抓不住我高贵的影子

是清风也好，是细雨也罢

我用一种高贵的红色

来传承所有的因果

黑 茶

几年之前我就在这里等你

我把阳光和风雨都埋藏进心底

你可不要被我的粗枝大叶所迷惑

我心里有许多温柔的秘密

等到无人的夜里

熄了灯

请用一段冰冷的月光把我敲醒

然后放我进滚烫的水里

你看，我有一颗红色的心

你闻，我的香气是不能言说的咒语

你尝，我就是那岁月酿成的美丽

花 茶

不知是谁那么多情
花开的瞬间就封存了她的心
从此就是
日日夜夜干枯的等待
和茶相遇的那天
想起了那个温柔的夜晚
她对月亮
许下的愿

CHAPTER III

好茶怎么泡？

微波炉泡茶

都说,喝到好茶难,有好茶不会泡更难。关于泡茶,发生的趣事还真不少。"我把五克茶叶放进三百毫升的冷水中,又放在微波炉里转了三分钟,水开了,为何却喝不出茶的美好滋味呢?"一位优雅的德国女士在法兰克福孔子学院茶道讲座前的提问,让人忍俊不禁。

外教泡的碧螺春

在上海外国语大学英文系读大一的时候,我送给了我的外教一罐碧螺春,他用咖啡壶煮了一壶水,把碧螺春放在咖啡杯里,用水一冲,看到的都是浑浊的状态。几天后,他回来告诉我,那个茶又苦又涩,完全没有喝到又甜又鲜的味道。

也许你会觉得这都是老外才会犯的错误,那么作为一个地地道道的中国人,你对泡茶又真正了解多少呢?

每天的生活就像一杯茶,

大部分人的茶叶和茶具都很相近,

然而善泡者泡出更清甜的滋味,

善品者品出更细腻的信息,你是善茶者吗?

泡茶的七个小要点

● 水温、投茶量、浸泡时间、茶叶的品质、器皿、水质、
冲泡次数是泡茶的七要点,她们就像是七个小仙子,
组合在一起才能泡出美妙的茶汤。

心里装一个时刻表

● 我曾经给习茶学生做过一个小游戏：在座之人闭上眼睛，在心里默数一分钟，觉得时间到了便举手，结果几乎没人掐准时间，而且举手时间参差不齐。这就是掌握度的重要性，泡茶时要记得在心里装一个刻度表哦。

茶仙子的泡茶秘籍

秘籍一 》能让茶汤的品质提升 30% 的方法

● 平常我们泡茶时喝的是啥呢？是喝茶叶当中溢出来的茶汁？还是茶汁与水融合后的茶汤？

有一次我洗毛笔的时候，发现墨汁与水的浓度是不一样的，我不由得想起了泡茶这件事。泡茶其实就是处理茶汁与水的融合。通常茶叶一般有四个特征：叶缘有锯齿、叶片有主脉、有网状结构、背面有茸毫。泡茶时，茶汁的浓度与水的浓度是不一样的，茶叶又是网状的，所以越细碎的茶，水浸出物就越快；越完整的茶，水浸出物就越慢。

那么如何才能泡一杯好喝的茶汤呢？首先，你得掌握茶水分离的冲泡方法。即茶叶不要一直泡在杯子里，给茶叶装个开关的，让茶叶与水完全分离。一直泡会又苦又涩，正是因为你一直浸泡在里面，茶会变得浓度越来越高，所以口感就不佳。泡茶就是用水与茶汁完美地进行融合，泡出来的才是茶汤。所以也就不难理解广东人为什么煲汤那么多小时了，虽然表面看上去很清淡，实际上喝到嘴里是很有厚实感的。

-wow-

秘籍二 》》看茶泡茶

● 深种菱角浅种稻，不深不浅种荷花。根据茶类来泡
  茶可是一门深奥的学问哦。

75

绿茶

本小姐品种繁多,为不发酵茶类,不同的品种可采用不同的冲泡方法。茶仙子总结出冲泡的经验和数据,精心设计了上投法、中投法和下投法三种冲泡方式,茶水比一般在1克茶,50毫升水为宜,可根据口味增减。被用心对待的感觉好温暖!

浸泡　　　　茶水　　　　水温
30~45"　　1g:50ml　　80~90℃

① 烫杯投茶　　② 注水1/3润茶　　③ 摇香后注水

黄茶

我可是特产名茶,微发酵茶类。"黄叶黄汤"很有秋天的感觉呢,由于加工工艺类似于绿茶姐姐,冲泡方法可以偷偷得模仿哦。

浸泡　　　　茶水　　　　水温
30~45"　　1g:50ml　　80~90℃

① 烫杯投茶　　② 注水1/3润茶　　③ 摇香后注水

白茶

根据鲜叶的老嫩度，我家里有白毫银针、白牡丹、贡眉(寿眉)等成员，可冲泡可煮饮。煮茶法适用老白茶或贡眉(寿眉)。懵懂的我，为轻发酵茶类。口感柔滑醇和，但是却可以消炎杀菌清热治病；炎热夏季用冷泡法浸泡白毫银针或白牡丹，制作冰鲜白茶，清甜鲜醇，祛暑降火。高贵的我，可直接用盖碗冲泡哦。

浸泡	茶水	水温
15~30"	1g:30ml	95~100℃

① 烫杯投茶　② 定点注水冲泡　③ 加盖15"出汤

青茶

你可以叫我乌龙茶，是半发酵的茶类，铁观音、武夷岩茶、凤凰单丛、冻顶乌龙都是我的兄弟姐妹。本公子品种多样、变化丰富，选用盖碗或紫砂壶冲泡则各有风味。

浸泡	茶水	水温
10~15"	1g:20ml	100℃

① 烫杯投茶　② 定点注水冲泡　③ 加盖15"出汤

红茶

红茶为全发酵茶类。选用一款心仪的红茶，烫杯后投茶。投茶量视口味和器具容量而定，一般茶水比在1克茶，30-50毫升水皆可。我性格醇厚，富含多种营养保健物质，家中必备哦。

黑茶

俺为后发酵茶类，包括普洱茶、六堡茶、茯砖茶等传统茶类，"越陈越香"的特质让俺在茶王国中独树一帜。俺在发酵过程中，茶多酚氧化程度较高，因此肠胃较为脆弱的茶友让我来呵护你吧。温馨提示：冲泡俺时可使用盖碗、紫砂壶等器具，如有条件，可用铁壶煮水，茶汤将更加绵柔丝滑。

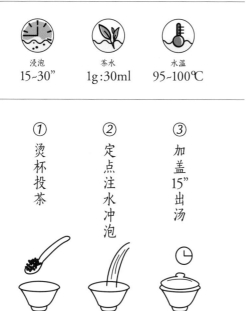

浸泡 15~30"　茶水 1g:30ml　水温 95~100℃

① 烫杯投茶　② 定点注水冲泡　③ 加盖15"出汤

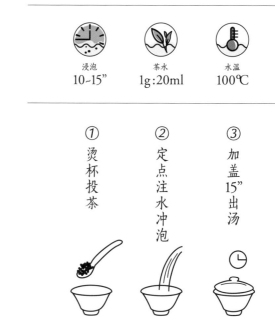

浸泡 10~15"　茶水 1g:20ml　水温 100℃

① 烫杯投茶　② 定点注水冲泡　③ 加盖15"出汤

花茶

花茶为再加工茶类。姐姐我婀娜多姿,花香四溢,好比花中的香妃。冲泡花茶时可使用玻璃杯、陶瓷杯,冲泡窖制花茶可使用盖碗、玻璃杯,冲泡调配花茶可选用盖碗、玻璃壶等器具。

浸泡　茶水　水温
15~30”　1g:30ml　95~100℃

① 烫杯投茶

② 定点注水冲泡

③ 加盖15”出汤

茶圣陆羽曾走遍天下，

只为寻得天下宜茶之水。

一碗茶汤中超过 90% 的成分都是水，

择水是泡茶的一个重要的环节，

好水才能使好茶中的好滋味加倍地散发出来。

那么怎样的水才能被称为好水呢?

陆羽择水的故事

唐代茶圣陆羽对泡茶用水十分讲究，《品茶录》中记有这样的一个小故事。湖州刺史李季卿十分倾慕陆羽，请他一起品茗于扬子江之上。刺史说："我听说南零的水非常好，又有您这样一位茶圣在，真是天作之合呀。我派人去取些南零的水，一起坐下来喝一杯，聊聊可好？"陆羽欣然答应并随手将品茶用具一一布置妥当。

不久后水到了，陆羽扬手一试，说道："这水是扬子江的水，但不是南零的，好像是临岸的水。"士兵赶忙道："这水是我亲自驾船到南零去取的，有许多人可以为我证明。"陆羽并不作声，将所取的水倒去一半，试了试后欣喜地说："这才是南零之水。"一刹那间，士兵的脸倏然红了，他忙伏地叩头说："靠岸时由于船身晃动，我所取的南零水不小心渗出去了一半，我实在是焦虑，担心水不够用，就偷偷从岸边取水加满。没曾想先生如此厉害，还能喝出水质的不同"。

这个小故事告诉我们，学会择水是学习泡茶的必备技能哦!

什么样的好水才适合泡茶?

一次, 朋友来看我, 提来一大桶水, 看着他满头大汗, 我不禁问:"这么远, 提水来干什么?"他说:"泡好茶啊!", 对于朋友的煞费苦心, 我也开心极了:"没错, 好水才能泡出好茶来!"

我曾举办过很多场品茶鉴水会, 有次茶会上用生活中常见的几种饮用水来测试哪一种更能泡出好茶来, 我挑了一款相对难泡的祁门红茶, 并使用相同的器皿, 然而, 当我将冲泡出的茶汤, 呈现在大家的眼前时, 其结果令人十分惊讶, 不光是汤色不一, 就连滋味也大有差别。欧洲的矿物质水硬度极高, 泡出的茶汤发黑, 口感差; 国内的一款矿泉水, 水质极软, 泡出的茶, 茶汤明亮, 香气足, 滋味最好; 而自来水, 即使烧沸了, 余氯味也很大, 一般不适合用来泡茶。

这个小实验还告诉我们, 好茶要用活水泡。水的"活性"和水中含氧量息息相关, 比如山泉水, 它大多出自山峦岩隙, 吸收大自然中的新鲜氧气, 这样水就更"活", 泡出来的茶也更灵动。

现代公认的用水品质为:"清、轻、活、甘、冽"。"清"就是水要干净无污染;"轻"就是上面说的"软"了;"活"可理解为水中的含氧量适宜。水源的水应是空气中缓缓流动的水, 在煮水时加热至即将沸腾或刚好沸腾, 待水面刚好平静下来时即为适度的活。"甘"则是用舌尖就能感受到的丝丝甜味;"冽"就是水含入口中有清冷感, 像薄荷一样, 这也是水质佳的表现。

你用啥泡茶?

● 综合泡茶的茶具, 一般为陶、砂、瓷、玻璃四大类, 可谓各有千秋, 每种器具都有适宜冲泡的茶类。

● 陶器:古朴典雅、韵味十足, 宜普洱茶的冲泡;

紫砂:气质高雅, 形美、神韵, 宜乌龙茶的冲泡;

白瓷:"明如镜, 薄如纸", 宜红茶的冲泡;

玻璃:玲珑剔透, 可观赏茶芽之美, 宜绿茶的冲泡。

开壶记

● 养紫砂壶先要开壶。开壶的目的是除去壶本身的土味,将残留的砂粒洗干净,这样紫砂的气孔就能全部打开啦!

● 那么怎么开壶呢?首先要将壶加水煮沸腾,把水淋干;然后在壶中放点嫩嫩的豆腐一起煮一个小时;甘蔗清甜爽口,要把它一起放在茶壶里哦。最后将茶叶跟壶一起煮一个小时后,经过茶水滋养的紫砂壶是茶叶最好的家。遇到一把好的紫砂壶,是您的福气;遇到会开壶的主人,是壶的福气。

① 煮淋:加水煮淋,褪去壶里的泥土味

② 降火:豆腐与壶同煮1小时

③ 滋润:甘蔗是最好滋养壶的材料

④ 重生:将茶叶与壶同煮1小时

保温杯泡茶，合适吗？

- 你见过楼下的大爷端着一个保温杯喜滋滋的喝着茶，优哉游哉地晃悠着吗？如果你见到了，你一定得上前认真告诉大爷：这样喝茶是不对的。

- 保温杯的温度比较高，如果茶叶长时间在这种温度下浸泡，茶本身的营养物质会消失，味道也会苦涩，所以泡茶不适宜用保温杯。

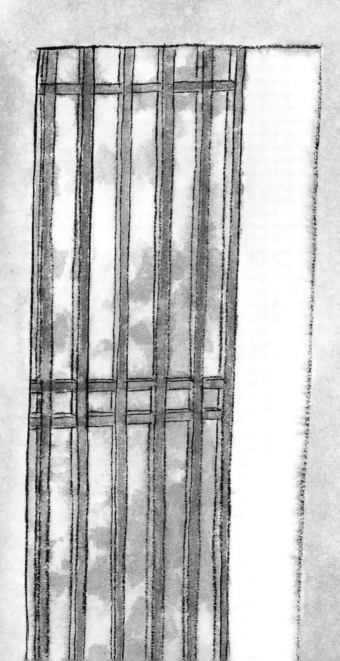

第一趣 》》
红颜妃子笑——荔枝红茶

畅畅茶宝宝一放学就兴奋地跑到我跟前大声宣布:"妈妈,今天我学会了泡一种新的茶,我要泡给大家喝。"我笑着问:"那么是什么茶呢?"他故作神秘地趴在我耳旁小声地说:"荔枝红茶。"然后就一本正经地跑到茶席前展示新学的本领,不一会儿茶就泡好了,得到了外公外婆的一致夸赞。

● 那么这款冰镇荔枝红茶是怎么泡的呢?

1 选用上等祁门红茶 10 克。

2 开水冲泡,马上出汤,放在旁边留用。

3 将从冰箱取出的新鲜荔枝剥好放在杯子里,最好去核。

4 把茶汤倒入盛放着新鲜荔枝的杯子里,根据喜好的甜度加入蜂蜜,一杯冰镇荔枝红茶就完成啦。

● 喝完荔枝红茶你会跟畅畅外公外婆一样,甜到心里呢!

第二趣 》》
茶里的香槟——冷泡凤凰单丛

凤凰单丛的香气在茶叶江湖上，颇有威名。而香气明显、滋味鲜甜的茶品，同样适合冷泡。那么如何来泡一杯冰镇的凤凰单丛呢?

● 其实十分简单，只需三步轻松搞定。

1 准备好500毫升冷矿泉水，8克左右茶叶;

2 冷矿泉水倒入杯中后，放入茶叶，上下颠倒几次，使茶叶充分浸水;

3 盖好盖子，放入冰箱冷藏2-3个小时 (或放在冰块水里，冰镇4-6个小时);

● 夏日大汗淋漓的你回到家后拉开冰箱，将冰镇的凤凰单丛倒入香槟杯，优雅地品上一口，想想就美滋滋嘞!

第三趣 >>
冰鲜白美人——冷泡白毫银针

● 夏日炎炎，一杯清爽冰饮，在颜值上就能让人心里阵阵清凉。然而为了棒棒的身体，还是抛开花花绿绿的色素饮料，来一款自己制作的茶冰饮比较放心。

● 白茶可清热解毒，解暑降温，炎热的时候喝最好不过了。其中，芽尖细嫩、毫香馥郁的白毫银针，最适宜制作冷泡茶，这款冰饮是"夏季新宠"，不学你就"out"啦！制作方法跟冷泡凤凰单丛一样简单哦，都需要充分泡水4个小时以上，味道才是最棒的。

第四趣 》》
花茶奇缘——冷泡花草茶

- 这是一款可以完全根据你的心情来"DIY"的茶，在茶叶中放入自己喜欢的花，花的香气和甜味与茶融合在一起，芬芳别致。

- 玫瑰花香气宜人，美容养颜，是花草茶的搭配明星，选择搭配冷泡花草时，自然少不了她。荷花清新雅致，清心养肾，中医讲夏季养心，夏季常喝荷花茶，对爱养生的茶友们，是最适宜不过的了。菊花、洛神花、薄荷、山楂、柠檬片等等，都是非常适合夏季的花草搭配，根据心情和身体情况，在茶饮里搭配美丽鲜活的花草，喝的时候心里也会乐开花哦！

第五趣 》》 元宝茶

● 元宝茶是一杯盛满福气的茶。过年时用元宝茶招待客人，代表祝福对方财运亨通的意思。过去茶馆中跑堂还会讨个吉利口彩，说道："喝了元宝茶，一年四季赚元宝。"

● 你想喝到这么有福气的茶吗？那么动手试试吧！巧妇难为无米之炊，首先你要准备好对半切开的金橘、挤净果汁的橄榄、炒米2克、红茶或绿茶1克、冰糖2颗，用这些你可以泡两款不同的元宝茶呢！

第一款：将金橘、炒米、绿茶、冰糖，依次放入盖杯中；用85摄氏度水先浸润，然后定点倒水冲泡后就完成啦。

第二款也很简单：用95摄氏度度山泉水将红茶提前泡好后，只留下茶汤备用；然后将橄榄、炒米、冰糖依次投入盖碗后，把红茶茶汤倒入。两款美妙茶汤就轻松完成啦！慢慢享受吧！

CHAPTER IV

好茶怎么喝?

喝茶时，

要先把茶端过来，

说一声感谢，

然后再喝。

一定要两手端着碗喝，

一口一口细细地品尝。

茶碗中是绿颜色的茶，

而绿色是大自然的颜色，

这口茶喝下去之后，

你就会觉得和大自然融为一体，

变得心境平和了。

大口喝茶喝的是什么？

- 一般我们喝茶时，茶叶中的营养物质能够改善我们身体的循环系统。

- 喝完茶后我们的身体会有相应的一些反应，比如打嗝、排气；有时也会出汗，感受到热气在体内翻腾，能够感觉到全身的毛孔都得到了舒张，就像是跑完800米后躺在草地上看着蓝天的感觉，卸下疲惫，愉悦轻松。这就是奇妙的"茶气"。

怎么大口喝茶呢？

● 喝茶谁都会，可是我们大口喝茶时怎么才能更真切地感知茶味呢？这就要学会"吐"和"纳"了，我们用腹式呼吸的方法，呼吸要深长而缓慢。我们用鼻吸气用口呼气，鼓起肚子的时候深吸气，然后回缩肚子的时候慢呼气。而且喝茶的茶量达到 120 毫升以上，才会有体感，才是用身体喝茶。

● 为了研究用身体喝茶，我根据古代卢全的七碗茶诗，发明了醒悟七碗茶的饮茶方法，即用 150 毫升的大杯子喝茶，连喝六大杯，喝完，脊背冒汗，打嗝，整个身体都被茶汤温柔地打开了。

喜欢大口喝茶的人一般有爽快的性格，很多地方都有大口喝茶的习惯，比如老北京的大碗茶：多用大壶冲泡，大碗畅饮，不需要讲究的喝茶方式，简单自然。一张桌子，几条板凳，几只粗瓷大碗，过往的客人解渴小憩，经济实惠，方便快捷。大碗茶贴近生活，符合北方人豪爽的性格，所以即便现在生活条件不断得到改善，它仍然是重要的饮茶方式。

小口喝，怎么喝？

● 现在就跟着我，一起静下心品一杯茶吧。

● 首先用嘴巴轻触杯沿，将茶汤吮入口内，然后用舌尖顶住上齿齿根，嘴唇微微张开，舌头稍微向上抬，使茶汤留在舌的中部。由于舌的不同部位对滋味的感觉不同，我们将茶汤在舌上微微涤荡，伴随着轻轻吸入口腔的空气，闭上眼睛，满口生香。

"滋溜滋溜" 啜饮法

- 全国的人都知道潮汕人爱喝茶，他们几乎从早到晚都在喝茶，喝茶很讲究也很有意思。无论人多人少，他们喝茶的时候只放三个小白瓷杯子。

- 喝茶时小杯沿唇边，茶面迎鼻，低头浅尝，慢品茶香，分三口啜饮，会发出"滋溜滋溜"的声音，一口为喝，二口为饮，三口为品。

4.3 如何健康饮茶?

一天怎么喝茶?

早上喝红茶

很多人都有喝早茶的习惯,清晨身体醒来,饮茶更需要呵护。早上喝红茶则可促进血液循环,同时能够祛除体内寒气;建议选择全发酵的红茶,不宜过浓,可清饮,让红茶的包容性呈现不同的口感与芳香。

上午喝绿茶

上午人体处于精神最饱满的状态,工作事务最繁忙的时间段,饮一杯绿茶是提高工作效率的理想选择。绿茶,属于不发酵茶类,较多地保存了鲜叶内的天然物质,氨基酸含量高,提神醒脑效果好;端起那杯绿茶,品一口,是说不出的鲜爽甘甜,那种滋味,妙不可言,对于手中的这杯茶,满怀爱意。

午后喝乌龙茶

下午三点至五点，古时又称"申时"，是一天中饮茶的最好时间。人体在午后时分会肝火旺盛，此时饮用乌龙茶可得到缓解。在午后，喝一口微微发烫的乌龙茶茶汤，倍觉心满意足。

晚上适宜喝普洱茶

晚上八点至九点左右是可以喝茶的。晚上饮茶，可以饮用熟普（或者多年陈化存放的老生普），属于后发酵茶，茶性温和，不刺激。饮用有助于分解积聚的脂肪，既暖胃又助消化。

一年怎么喝茶?

春

春天气温回升, 万物复苏, 适合喝最细嫩的绿茶, 朝气蓬勃地开启新的一年。

秋

秋天温度逐渐转凉, 温温润润的红茶是暖胃的最佳选择。

夏

夏季温度高, 容易流汗, 这时就需要喝乌龙茶来赶走燥热和肝火了。

冬

冷冷的冬天喝上一杯普洱茶, 顿时会觉得全身的细胞都活了过来, 关掉暖气不成问题哦。

茶礼仪是中华民族传统礼仪中，

非常优秀的一部分，

它包含了茶事活动中的

鞠躬礼、奉茶礼、谢茶礼等多个礼仪。

接下来，

我们来学学饮茶有"礼"。

叩指礼

叩指礼是从古时中国的叩头礼演化而来的，叩指即代表叩头。相传乾隆微服出巡，在茶馆内喝茶时，为随从倒茶，随从惊恐万分，不便以官廷礼仪相回，便灵机一动以叩指谢恩，自此叩指礼便在民间流传开来。早先的叩指礼是比较讲究的，必须屈腕握空拳，叩指关节。随着时间的推移，逐渐演化为将手弯曲，用几个指头轻叩桌面，以示谢忱。以手代首，二者同音，这样，叩首为叩手所代。三个指头弯曲即表示三跪，指头轻叩九下，表示九叩首。

伸掌礼

喝茶要会"叩手礼"，请人喝茶要学会"伸掌礼"。小朋友们在刚刚学茶的时候，最常做的事情就是泡好一杯茶，然后说 "妈妈，请喝茶"，这个时候还会一板一眼的配上他的"伸掌礼"：伸出手臂，四指并拢，虎口分开，手掌略向内凹，欠身微笑，一气呵成。

鞠躬礼

鞠躬，意思是弯身行礼。表达了行礼者内心的谦逊与恭敬以及对他人敬重的一种礼节。茶道中的鞠躬礼分为站式、坐式和跪式三种。根据行礼的对象分成"真礼"（用于主客之间）、"行礼"（用于客人之间）与"草礼"（用于说话前后）。

举案齐眉礼

在这个礼节中，要求泡茶人双手举杯齐眉，以腰为轴，躬身将茶献出，这样一则表示对品茶人的尊敬，二则表示对茶的敬重。这个礼节出于汉代著名的夫妻典故叫做举案齐眉，后来引申用来表达奉茶者对受礼人的敬重。

最后悄悄地科普一下握杯的姿势：
男士要五指并拢，
以示大权在握，自信大气。
女士则五指放松，自然握杯，
可稍翘兰花指，
能够展现柔美温婉的气质呢。

CHAPTER V

好茶怎么存？

给茶叶一个舒适的小家

- 防压、防潮、密封、避光、防异味的环境才适合茶叶的存放。"绿茶"(不发酵茶类):低温保存,一般温度在0-5摄氏度即可。"普洱"(后发酵茶类),适合通风避光处集中储存,生、熟普洱分开存放。"红茶"容易受潮和散发香气,应避光,密封保存。

- 茶叶贮存方式依其贮存空间的温度不同可分为:①常温贮存,②低温贮存。因为茶叶的吸湿性颇强,无论采取何种贮存方式,贮存空间的相对湿度最好控制在50%以下(普洱茶除外),贮存期间茶叶水分含量须保持在5%以下。

茶叶保持貌美如花的方法

各大茶类由于茶叶特性的不同, 自然有不同的储存方法:

● 绿茶 (不发酵茶类)
适合放冰箱低温保存, 一般温度在 0-5 摄氏度即可, 或者选择密封性较好的锡罐保存。

● 黄茶 (微发酵茶类)
保存方法同绿茶。

● 白茶 (轻发酵茶类)
通常要低温、避光贮藏或者将茶叶放在大紫砂罐 (或陶罐) 里保存以防压碎, 并且让茶叶有可呼吸转化的空间。

● 乌龙茶 (半发酵茶类)
品类居多, 清香型的乌龙茶 (如铁观音、台湾高山乌龙) 适合放冰箱冷藏低温保存; 经炭火烘培的乌龙茶 (如大红袍) 常温避光, 密封保存。

● 普洱 (后发酵茶类)
适合通风避光处集中储存, 生、熟普洱分开存放。

● 红茶 (全发酵茶类)
容易受潮和散发香气, 应避光, 密封保存。

你怕热吗？茶也是哦

- 温度的作用主要在于加快茶叶的自动氧化，温度愈高，变质愈快。茶叶一般适宜低温冷藏，这样可降低茶叶中各种成分氧化过程。

- 一般以 10℃左右贮存效果较好，如降低到 0℃ -5℃，贮存更好。

是不是所有茶叶都越陈越香？ NO!

- 我们知道普洱茶是越陈越好，那么是不是说茶叶都越陈越香呢？

- 部分茶叶贮存时间不宜过长，比如绿茶，这是因为茶叶在贮存过程中，容易受贮存温度和茶叶本身含水量高低，以及贮存中环境条件及光照情况不同而发生自动氧化，尤其是名贵茶叶的色泽、新鲜程度就会降低，茶叶中的叶绿素在光和热的作用下易分解，致使茶叶变质。

CHAPTER VI

茶叶的妙用！

茶叶浑身是宝

除了本身能喝之外，还可以用来煮茶叶蛋，做茶叶枕头，加工成美容产品，而且能帮助我们吸附一些不好的气味。总之，泡过的茶叶也有很多利用价值的哦。

茶叶蛋

● 每当吃起茶叶蛋，我都会想起我的妈妈。小时候，妈妈经常带着我做茶叶蛋。后来当我做妈妈的时候，我也常常给孩子做茶叶蛋。

● 你会做茶叶蛋吗？首先将土鸡蛋用水煮熟，再把蛋壳敲碎；然后把红茶（或乌龙茶）20克、香叶2片、茴香1个、桂皮1块、干辣椒2只、冰糖10小颗、盐2勺与鸡蛋一起大火煮开，再慢慢用小火炖一个小时。

● 一碗香喷喷的茶叶蛋就做好了，是不是口水都流出来了呢？

① 选蛋：农家散养鸡土生小鸡蛋为佳

② 煮蛋：煮开、冷水过水、敲碎蛋壳

③ 配料：红茶（或乌龙茶）20g、香叶2片、茴香1个、桂皮1块、干辣椒2只、冰糖20小颗、盐2勺

④ 炖煮：将茶叶与配料加入鸡蛋、大火煮开、然后文火炖煮1小时

⑤ 出锅上盘 ○ ○

茶叶枕头

- 有一天远远地看见最好的朋友在前面走, 于是蹑手蹑脚地上前拍了下他的肩膀, 但是他却没回头, 而是慢慢转过整个身子。

- 这种奇怪的行为是不是你也曾遇到过? 没错, 这是落枕啦! 此时你需要的是一个好枕头。茶叶枕头用当年新采的茶叶经过特殊工艺处理后作为填充物制成, 茶的清香能改善室内空气; 茶叶中含有的多种对人体有益的成分又能够改善睡眠、利于健康。你的身体一定会喜欢的。

茶能吸收异味?

● 我习惯性将茶包放在家里的各个角落, 这是因为茶叶不仅能散发香味, 也能吸收异味。

● 茶叶中含有棕榈酸和萜烯, 这是两个特别活泼的化合物, 容易吸收周围的各种气味, 而且不容易分离开来。吃完火锅后放一袋茶包在衣服口袋里火锅味很快就消失了, 是不是很神奇呢?

后 记

大头茶歌

大头大头，下雨不愁

人家有伞，你有大头

好茶共品，大头引领

七碗甘淳，天门自醒

图书在版编目（CIP）数据

茶仙子. 喝茶趣 / 鲍丽丽著 . –– 上海：上海书画
出版社 , 2017.8
（茶仙子系列丛书）
ISBN 978–7–5479–1600–1

Ⅰ . ①茶… Ⅱ . ①鲍… Ⅲ . ①茶文化－中国－通俗读
物 Ⅳ . ① TS971.21–49
中国版本图书馆 CIP 数据核字 (2017) 第 171377 号

茶仙子 | 喝茶趣

鲍丽丽　著

责任编辑	云　晖　春　秀
技术编辑	顾　杰

出版发行	上海世纪出版集团
	上海书画出版社
地　　址	上海市延安西路 593 号　200050
网　　址	www.ewen.co
	shshuhua.com
E–mail	shcpph@163.com
印　　刷	上海丽佳制版印刷有限公司
经　　销	各地新华书店
开　　本	889×1194　1/24
印　　张	6.166
版　　次	2017 年 08 月第 1 版　2017 年 08 月第 1 次印刷
书　　号	**ISBN 978–7–5479–1600–1**
定　　价	**58.00 元**

若有印刷、装订质量问题，请与承印厂联系